재료의 산책

가을의 일기

요나 지음

Ⓐ

가을의 일기
목차

고구마

모나지 않은 굵직한 생김새에 적갈색 옷을 입고 있는 고구마는 편안한 동네 아저씨처럼 느껴진다. 구수한 사투리를 쓰며 말을 걸어줄 것만 같다. 고구마는 그대로 굽거나 찌는 경우가 많다. 간단하게 본연의 단맛을 느낄 수 있기 때문이다. 하지만 간단한 단맛이 결코 쉽게 얻어지는 것은 아니다. 찌는 데 삼십 분, 굽는 데 한 시간, 말리는 데도 며칠이 걸린다. 심지어 갓 캔 고구마에서는 깊은 단맛이 나지 않는다. 신문지를 깔아 고구마를 하루 정도 말리고, 상자에 담아 일주일 정도 숙성시키는 과정이 필요하다. 어릴 때는 추워지면 동네 여기저기에 군고구마 장수들이 나와 있었는데 요즘은 드문드문, 먹고싶어 찾아도 잘 보이지 않는다. 군고구마 장수들은 마치 평범하게 산다는 것이 그리 간단한 일이 아니라고 이야기하듯 하나둘 사라진다.

고구마를 쪄서
간장에 담그다

식물이나 동물을 데려올 때는 갑작스러운 환경의 변화에 놀라지 않도록 원래 있던 곳과 비슷한 환경으로 만들어 놓으면 좋다. 시장에서 사온 대파를 화분 속에 꽂아두기도 하며, 해산물을 보관하는 수조의 환경을 서식하던 바다의 염도와 수온에 비슷하게 맞춰주기도 한다. 재료의 기분을 이해하는 일은 요리를 하는 데 무척이나 중요하다. 비교적 추운 날 나는 무, 당근, 연근, 고구마 등의 작물들은 땅속에서 얼지 않기 위해 섬유가 밀집되어 있어 단단하다. 그래서 저온에서 오래도록 삶아야 한다. 차갑게 꽁꽁 얼어버린 몸을 뜨거운 물이 아닌 적당히 따뜻한 물속에서 스르르 녹이듯 천천히 달래주는 것이다. 기름에 재빠르게 볶거나 데쳐 먹는 봄, 여름 채소와 달리 고구마는 지긋한 불에서 맛을 들여야 깊은 맛을 낸다. '맛있게 요리하고 싶다'는 생각 이전에 '이 재료는 과연 어떻게 되고 싶을까' 하는 생각을 먼저 해본다. 조금은 엉뚱한 생각일지는 몰라도 요리의 풀이가 확실히 쉬워진다. 재료들은 모두 살아있다.

재료

고구마 2~3개, A(말린 표고버섯물 1.5컵, 간장 1컵, 비정제 설탕 1Ts, 생강 1ts, 청주 1Ts)
* Ts(테이블스푼), ts(티스푼)

만드는 법

잘 씻은 고구마를 찜기에 올리고 거즈나 종이호일로 덮는다. 고구마를 찌는 동안 냄비에 A를 넣어 보글보글 끓인다. 고구마가 다 익으면 적당한 굵기로 썰어 그릇에 겹치지 않게 담고 A를 부어 30분 정도 담가둔다.

Tip.
따뜻한 고구마의 온도와 절임액의 온도를 비슷하게 맞추는 것이 포인트다. 그러면 고구마에 절임액의 향이 잘 배고, 식는 과정에서 단단한 몸속으로 깊은 맛이 정착한다. 감자조림처럼 진하게 배어든 간장 맛과는 다르게, 그보다 산뜻하고 부드러운 맛이다. 고구마 이외에도 호박, 콜리플라워 등 다른 채소로도 가능하다.

고구마를 삶아서
잼으로 만들다

고구마는 어쩐지 박스로 주문해야 제맛이라 매년 우리집 베란다에는 감당하기 힘든 양의 고구마가 있다. 모든 반찬에 고구마가 한 바퀴 돌고 나면 박스 안에는 대개 못생기거나 꽤 작은 크기의 고구마만 남아있다. 박스를 탈탈 털어 촉촉한 고구마잼을 만들 차례다. 고구마라고 잼이 되지 말란 법은 없다. 노릇노릇 구운 빵과 촉촉한 고구마잼, 따뜻하게 데운 두유 한 컵의 가을 식탁을 마주하고 있으면 앞으로 쌀쌀해질 날들도 잘 버텨낼 수 있을 것 같은 기분이 든다.

재료

고구마 원하는 만큼, 비정제 설탕은 고구마 무게의 반만큼, 시나몬 파우더 적당량

만드는 법

잘 씻은 고구마와 고구마가 잠길 정도의 물을 냄비에 넣고 불에 올린다. 팔팔 끓기 직전에 불을 줄여 중불에서 천천히 삶는다. 속까지 잘 익으면 껍질을 벗겨 포크로 잘 으깬 뒤 설탕을 넣고 약불에서 졸인다. 더 부드러운 잼을 원한다면 으깬 고구마를 한 번 체에 걸러주면 된다. 기호에 따라 다진 생강, 오렌지(레몬) 껍질, 럼주, 견과류 등을 넣어 즐겨보자.

Tip.
고구마를 오랫동안 가열할 때 썰지 않고 통째로 삶거나 찌면 재료의 성질이 유지돼 응축된 단맛을 느낄 수 있다.

고구마에 오일과
소금을 뿌려 굽다

담백하게 구워 먹는 고구마도, 기름에 바삭하게 튀겨 먹는 고구마도 어딘가 부족할 때 종종 이렇게 먹는다. 얇게 썬 고구마에 오일과 소금을 둘러 굽는 것이 전부다.

재료

고구마, 소금, 올리브오일

만드는 법

잘 씻은 고구마의 물기를 닦아내고 칼이나 슬라이서로 얇게 썬다. 내열 용기에 겹치지 않게 깔고 오일을 가볍게 두른 뒤 소금을 뿌린다. 200도로 예열한 오븐에서 한 면에 약 7~8분씩 뒤집어가며 구워준다. 두께에 따라 굽는 시간은 천차만별이니 잘 지켜보며 타지 않게 자주 뒤집어준다.

연근

연蓮의 줄기인 연근은 얕은 연못이나 깊은 진흙 속에서 자라난다. 줄기에 뚫린 구멍들은 생육에 필요한 공기를 풀잎에서부터 수면 아래까지 보내주는 역할을 한다. 세상에서 가장 처음 연근을 잘라본 사람은 얼마나 놀랐을까. 열 개의 구멍이 숭숭 뚫려있으니 벌레가 먹은 것은 아닌지, 썩은 것은 아닌지 의심하지 않았을까. 나 역시 그랬다. 어릴 적 연근 조림을 처음 접했을 때, 요상한 모양과 거뭇거뭇한 색감 때문에 마음이 가지 않았다. 재미있게도 이런 거부감은 연근을 그림으로 그려보면서 사라졌다. 동그라미를 몇 개 그리다 보면 순식간에 그려지는 채소를 어찌 사랑하지 않을 수 있을까. 조려도, 튀겨도, 구워도 맛있는 이 동그라미 채소는 매끄럽게 씻겨져 진공 포장되어 있는 것이 아닌 흙이 덕지덕지 묻어있는 것으로 고르기를.

연근을 삶아서
칩으로 만들다

연근은 얇게 썰어 식초물에 담갔다가 물기를 말리고 바로 튀겨도 좋지만, 한 번 삶은 뒤에 튀기면 탄력이 생기고 쉽게 타지 않는다. 아무것도 하지 않았을 때보다 곱게 튀길 수 있다. 과자 회사들이 감자칩보다 연근칩을 더 활발하게 팔면 좋겠다. 연근 껍질이 불면증에 좋다고 하니, 껍질째 튀긴 후 유통하면 도시의 불면증 환자가 조금은 줄어들지도 모르겠다.

재료

연근, 소금, 식용유

만드는 법

연근을 잘 씻어 통째로 냄비에 넣고 잠길 정도의 물을 붓는다. 팔팔 끓기 직전에 불을 줄여 약한 불에서 20~30분가량 삶는다. 센 불에서 삶으면 점성이 과해져 끈적인다. 젓가락으로 찔러보아 부드럽게 들어가면 꺼내어 잘 식힌다. 슬라이서로 얇게 썰어 170도의 기름에 서로 붙지 않도록 한 장씩 넣어준다. 중간중간 들어 올려 공기에 닿게 한 뒤 다시 넣어주면 더 바삭하게 튀겨진다. 아직 뜨끈뜨끈할 때 소금을 흩뿌린다.

연근을 갈아서
튀기다

연근에는 마, 낫토(푹 삶은 메주콩을 발효시킨 일본 음식), 오크라처럼 점성이 있다. 이런 특징을 이용해 보다 재미있게 요리하고 싶다면 강판에 갈아 튀겨보자. 겉은 바삭하고 속은 폭신폭신한 연근튀김은 그대로 먹어도 맛있고 카레 위에 얹어서 먹거나 부드러운 빵 사이에 끼워 먹어도 좋다.

재료

연근 반 뿌리, 전분 3~4Ts, 소금, 식용유

만드는 법

연근에 묻은 흙을 잘 씻어낸다. 강판에 연근을 곱게 갈아 소금으로 간을 하고 전분을 넣어 잘 반죽한다. 연근을 강판에 갈 때 천천히 돌리면서 내려주면 좀더 곱게 갈 수 있다. 연근 자체에 물이 많은 경우에는 마른 천으로 감싸 한 번 짜준다. 반죽 상태를 봐가며 전분을 추가한다. 뭉쳐질 정도로 반죽한 뒤 둥글둥글하게 굴려 경단처럼 만든다. 속까지 익도록 낮은 온도에서 충분히 튀겨준다. 기호에 따라 두부, 버섯, 당근, 파 등을 넣어도 좋다.

연근을 구워서
버섯과 밥을 짓다

밤, 연근, 호박, 고구마, 버섯, 우엉 등 구수한 재료들이 땅과 나무에서 쏟아져 나오는 계절이다. 평소라면 그냥 쌀만 넣어 지었을 밥 안에 몇 가지의 채소를 넣고 간장을 떨어뜨려 지어본다. 다키코미고항炊き込みご飯(일본의 쌀 요리. 쌀에다가 고기, 생선, 채소 등의 재료를 함께 넣어 밥을 짓는다. 밥할 때 다시마 국물, 간장 등으로 양념한다.)이라고도 불리는 이 요리는 일본에서 자취를 하던 시절에 간편하지만 든든하게 한 끼를 해결할 수 있어 자주 해 먹던 밥이다. 일부러 큼지막한 그릇을 골라 수북하게 밥을 담고는 어느 정도 먹다가 따뜻한 차를 넣어서 죽처럼 먹기도 하고, 가끔은 그 죽에 미소를 풀어서 먹기도 했다. 모든 채소는 그냥 넣어도 좋지만 연근이나 우엉 같은 뿌리채소는 살짝 구워서 넣으면 한층 더 가을에 가까운 향이 난다.

재료

연근 ⅓뿌리, 당근 ¼개, 표고버섯 2개, 쌀 3컵, 식용유, A(청주 1Ts, 간장 2Ts, 소금 0.5ts, 참기름 1ts), 다시마 불린 물 3컵

만드는 법

물에 다시마를 불려 준비한다. 혹은 말린 표고버섯을 불린 물도 좋다. 연근은 잘 씻어 원하는 모양으로 썬 뒤 프라이팬에 식용유를 두르고 표면이 노릇하도록 굽는다. 표고버섯은 얇게 슬라이스하고 당근은 얇게 채 썬다. 밥솥에 깨끗이 씻은 쌀, 구운 연근과 표고버섯, 당근, A, 다시마 불린 물을 넣고 밥을 짓는다. 밥이 다 되면 전체를 잘 섞는다.

감자

지난 주말, 아빠의 작은 농장에서 감자를 캤다. 잎줄기를 한 아름 잡고 뽑아 올리면 마치 포도알처럼 감자알들이 주렁주렁 매달려 나왔다. 거기서 끝이 아니었다. 줄기를 걷어내어 이제 비어있을 줄 알았던 땅을 호미로 헤집자 숨어있는 감자들이 또다시 빼꼼히 보였다. 서둘러 호미질을 하다가, 감자를 다치게 하진 않을까, 행여나 무럭무럭 자라준 감자를 외로이 땅속에 묻어둔 채 떠나진 않을까, 걱정이 되었다. 문득 전 세계의 땅속에서 자라나고 있을 감자를 상상하니 기분이 묘하다. 쌀과 밀로 나뉘는 문화권의 여러 나라에서 감자를 먹지 않는 나라가 존재하기는 할까. 수많은 이들이 다함께 감자를 먹으며 자랐다니. 땅속의 감자만큼이나 풍성한 전 세계의 레시피 덕분에 감자는 요리 전에 늘 고민하게 하는 식재료다.

감자를 큼직하게 튀겨
매콤하게 졸인
토마토소스를 올리다

스물두 살 때 스페인을 여행하며 타파스Tapas라는 단어를 처음 알았다. 식욕을 돋우어주는 애피타이저 정도의 소량이었지만, 메인 메뉴까지 먹기에는 여행 자금이 부족하던 나에게 두세 가지의 타파스를 골라 맥주나 샹그리아와 함께 먹는 것이 꽤나 든든한 식사였다. 허기진 배를 채우기에는 역시 감자만 한 것이 없어 자주 시키던 메뉴 파타타스 브라바스Patatas Bravas(매콤한 소스를 얹은 감자튀김). 큼직한 감자튀김 위에 매콤한 소스, 때로 갈릭마요네즈 소스가 얹어 나오는 파타타스 브라바스의 뜻은 '용감한 감자들'이라고 한다. "파타타스 브라바스, 포르 파 보르!(파타타스 브라바스 주세요)!"

재료

감자 3~4개, 식용유 적당량, 토마토 퓌레(《여름의 일기》 토마토 편 참고) 1컵, 마늘 2쪽, 파프리카 가루 1ts, 고춧가루 1ts 또는 카레가루 1ts, 올리브오일 2Ts, 소금, 물 적당량

만드는 법

감자튀김 딱딱한 감자를 썰어 바로 고온에 튀겨내면 겉은 바삭할지 몰라도 속은 진득하거나 설익기 십상이다. 먼저 감자를 큼직이 썰어 물에 10분 정도 담가 전분을 빼낸다. 그 다음 찜기에 올려 8~10분 정도 폭신하게 찐다. 익은 감자는 살짝 말린 뒤 180도 기름에서 바삭하게 튀겨준다.

토마토소스 마늘은 잘게 썬다. 냄비에 올리브오일과 마늘을 넣고 약불에서 볶는다. 토마토 퓌레, 파프리카 가루, 고춧가루 또는 카레가루를 넣고 점성이 생기게 잘 저어가며 졸인다. 소금으로 간을 한다.

Tip.
감자를 찌는 과정을 생략하고 싶다면 물에 담가둔 감자의 물기를 잘 제거한 뒤 160도 정도로 달궈진 기름에서 천천히 속까지 익도록 튀긴다. 건져낸 뒤 기름의 온도를 올려 한 번 더 튀기면 좀더 바삭해진다.

삶은 감자를 부숴
연근 조림을 감싸 튀기다

어느 날 일본 친구가 가라아게唐揚げ(밑간한 닭고기나 생선에 밀가루 혹은 녹말가루를 묻혀 튀겨낸 일본 음식)를 해 먹자며 집에 초대했다. 가라아게의 핵심이라 생각되는 밑간의 황금비율을 엿볼 수 있겠다 싶어 한걸음에 달려갔는데, 이건 무슨 일일까. 도착하니 친구는 냉장고에서 먹다 남은 샐러드 드레싱을 꺼내 닭고기에 버무리고 있었다. 심지어 대단할 것이라 기대됐던 마리네이드 과정은 위생백 안에 닭고기와 드레싱을 넣은 채 조물조물 버무려 그대로 다시 냉장고에 잠시 넣어두는 것이 전부였다. 그날의 실망감은 내게 '인생은 요령'이라는 교훈을 남겨주었고, 지금 소개하는 감자크로켓은 그 교훈의 연장선이다.

재료

감자 8~9개, 두유 50~100ml, 연근조림(우엉조림, 시금치나물 등의 반찬으로 대체 가능) 적당량, 튀김옷(밀가루, 빵가루, 전분, 물, 파슬리), 식용유, 소금, 후추 적당량

만드는 법

감자는 삶아도 되고 쪄도 되지만 찌는 편이 수분이 적고 골고루 익기 때문에 보슬보슬한 크로켓 속을 만들기에 적합하다. 찜기에 물을 받아 잘 씻은 감자를 껍질째 올리고 15~20분가량 속까지 익도록 쪄준다. 연근조림은 잘게 썰어둔다. 익은 감자는 껍질을 벗겨 볼에 넣고 포크나 감자 매셔로 잘 부순다. 잘게 썬 연근조림을 넣고 감자의 수분 상태를 보아가며 두유를 넣어 손으로 뭉쳐질 정도의 반죽으로 농도를 맞춘다. 소금, 후추로 간을 한다. 완성된 속을 손으로 적당한 크기의 둥근 모양으로 빚는다. 밀가루와 전분을 1:1로 조합하여 부침개 반죽의 농도로 튀김옷을 만든다. 빚은 감자 반죽에 튀김옷을 얇게 바른 뒤 빵가루를 묻혀 180도로 달군 기름에 노릇하게 튀긴다. 빵가루는 생략해도 괜찮다.

통들깨를 곱게 갈아
감자와 표고버섯을 넣은 된장국을 끓이다

재료

통들깨 2Ts, 감자 2~3개, 표고버섯 2개, 양파 ½개, 말린 다시마 10cm, 말린 무 4~5개, 물 800ml, 된장 적당량

만드는 법

말린 다시마와 말린 무에 물을 넣어 반나절가량 우린다. 통들깨는 약불에서 살짝 볶아둔다. 볼에 다시마물 조금과 통들깨를 넣고 블렌더로 곱게 간다. 껍질 벗긴 감자와 표고버섯, 양파를 모두 슬라이스한다. 들깨물과 다시마물 전부, 재료들을 냄비에 넣고 한소끔 끓인다. 시금치, 두부 등을 넣어도 좋다. 된장을 적당량 풀어 간을 맞춘다.

단호박

내가 초등학교 때까지 우리 가족은 오래된 아파트의 101호에 살았는데 베란다에서 내려다보면 뒷마당에 누군가 심어놓은 (어쩌면 혹시 아빠였을까?) 단호박의 넝쿨이 무성했다. 지나가는 사람들도, 아파트 경비 아저씨도, 그 누구도 관심을 두지 않았는데 단호박은 혼자서 잘도 커져갔다. 탱글탱글 부풀어 오른 단호박은 결국 아빠랑 따서 집으로 가져 왔는데 아직도 부엌 한쪽에 덩그러니 놓여있던 모습이 생각난다. 우연히도 나의 첫 수확물이 된 그것. 나는 아직 한 명도 만나보지 못했다. 단호박을 싫어하는 사람은.

단호박과 두유를 갈아
파스타 소스로 만들다

재료

단호박 1개, 두부 100g, 두유 200g, 파스타 면 160g, 마늘 2쪽, 양파 ½개, 줄기콩(살짝 데친 것) 5~6개, 느타리버섯 100g, 올리브오일 1Ts, 소금, 후추

만드는 법

단호박을 적당한 크기로 잘라 씨를 제거한다. 찜기 위에 올리고 종이호일을 덮은 뒤 물을 붓고 뚜껑을 덮어서 푹 찐다. 두부는 키친타월이나 천으로 물기를 제거한다. 볼에 두유와 두부, 찐 호박을 함께 넣고 두부의 덩어리가 없어질 때까지 핸드 블렌더로 곱게 간다. 프라이팬에 올리브오일 1Ts을 두르고 얇게 썬 마늘을 넣어 약불에서 향을 낸다. 양파, 줄기콩, 느타리버섯을 적당한 크기로 썰어 함께 넣고 중불에서 볶는다. 재료가 노릇해지면 만들어놓은 단호박 소스를 넣고 소금, 후추로 간을 한다. 불을 줄여 삶은 파스타 면을 넣어 함께 섞는다.

삶은 단호박을 으깨 넣은
황금빛 마들렌을 굽다

영화 〈마담 프루스트의 비밀정원〉의 주인공은 마들렌 냄새를 맡으며 잃어버린 기억들을 찾아간다. 기억상실을 마들렌으로 치유해가는 셈이다. 신기하게도 인간은 기억이 담긴 냄새를 맡으면 오랫동안 잊어버렸던 일도 떠올리게 된다. 단호박을 삶고 마들렌을 굽고 있자니 온 사방이 달달한 냄새로 가득하다. 영화 속에서 이 냄새를 맡고 대개는 악몽을 떠올리던 주인공이 더욱 신기할 따름이다. 역시 삶은 너무나 주관적이다.

재료

단호박 80g, 밀가루 100g, 베이킹파우더 0.5ts, 비정제 설탕 40g, 꿀 1Ts, 소금 한 꼬집, 시나몬 파우더 0.3ts, 달걀 2개, 버터 100g

만드는 법

단호박을 적당한 크기로 잘라 씨를 제거한 뒤 찜기에 넣어 푹 찐다. 껍질을 제거하고 감자 매셔나 포크 등으로 곱게 부순다. 볼을 준비해 달걀을 넣고 거품기로 푼다. 설탕과 꿀, 소금, 시나몬 파우더도 넣어 섞는다. 버터는 중탕하여 녹인 뒤 조금씩 부어가며 섞어준다. 미리 으깨놓은 단호박을 넣고 섞어준다. 마지막으로 밀가루, 베이킹파우더를 체에 쳐서 볼에 함께 넣고 가루가 덩어리지지 않도록 거품기로 저어 반죽을 완성한다. 마들렌 틀에 채워 170도로 예열한 오븐에 13~15분가량 굽는다.

Tip.
오븐에 넣기 전, 마들렌 전용 틀에 반죽이 들러붙지 않도록 미리 버터를 발라 코팅한다. 반죽을 숟가락으로 떠서 틀 모양의 80~90퍼센트만 채워지도록 넣는다. 레몬 제스트나 초콜릿, 견과류 등을 추가해도 좋다.

단호박과 팥을
함께 졸이다

어쩌면 요리가 어려운 이유는 재료를 멋들어지게 포장하고 싶은 마음 때문일
지도 모른다. 긴장을 내려놓자. 재료는 그 자체로도 충분히 빛나는 선물이다.

재료

팥 1컵, 물 3컵, 다시마 4cm 1장, 소금 0.5ts, 단호박 1개, 간장 1Ts

만드는 법

단호박은 씨를 제거하고 2~3cm 크기로 썰어둔다. 팥은 잘 씻어 썩은 것을 골라내
고 냄비에 물, 다시마와 함께 넣어 중불에 올린다. 끓기 시작하면 약불로 줄여 중
간에 두세번가량 물을 조금씩 더해가며 단팥죽 정도로 끓인다. 다시마는 함께 으
깨준다. 팥이 부드러워지면 단호박과 소금을 넣고 부드러워질 때까지 졸인다. 단
호박이 부드러워지면 간장을 넣고 잠시 졸여 마무리한다.

우엉

우엉은 말랐지만 튼튼한 시골 농사꾼을 떠올리게 한다. 편안한 얼굴로 아무 욕심 없이 자연과 본능에만 충실한 삶이다. 세상이 얼마나 복잡한지 알면 알수록 농사꾼이 얼마나 멋진 직업인지 알게 된다. 나무뿌리처럼 생겼다는 이유로 경시되던 우엉이 이제는 외국요리에도 쉽게 등장하고 있다. 몸 안의 노폐물을 밖으로 빼내는 역할을 해주는 우엉. '버리고 비우는' 연습이 필요한 우리를 향해 우엉은 많은 이야기를 하고 있다.

우엉을 말리고 볶아
차로 우려내다

사랑하는 이들이 건강을 잃어갈 때 바람대로 되지 않는 먹먹함은 칠흑 같은 어둠으로 이어진다. 나는 그들의 아픔을 대신해줄 수도, 치료해줄 수도 없다. 그 대신 작은 건강식들을 찾는 습관이 생겼다. 속이 안 좋을 땐 양배추가 좋다든지, 감기에는 양파가 좋다든지. 우엉은 '버리는 데 도움을 주는' 재료다. 몸 안의 나쁜 요소를 제거하는 한약재로 숙변 제거, 이뇨, 소염, 해독 등에 탁월하다. 또한 우엉 자체는 성질이 차기 때문에 화가 난 마음을 잠재우고 인내를 길러주기도 한다.

재료

우엉 적당량, 채반, 햇빛, 물

만드는 법

우엉을 얇게 썰어 신문지나 채반 위에 올린 뒤 햇빛에 2~3일가량 바싹 말린다. 말린 우엉을 프라이팬에서 타지 않을 정도로 볶는다. 우엉을 완전히 말리지 않으면 맛이 떨어지므로 건조에 신경 쓰자. 따뜻한 물 1L에 우엉 2~3조각을 넣고 우린다. 미지근한 물에서 오랜 시간 우려내도 상관없다.

Tip.
우엉은 자른 단면에 구멍과 얼룩이 없는 것이 좋으며, 흙이 묻은 상태로 보관하면 좋다. 마르기 쉬우므로 흙이 묻은 상태라 할지라도 신문지에 싸놓거나, 씻은 경우에는 키친타월에 감싸 봉투에 넣어 냉장 보관한다.

얇게 채 썬 우엉과 당근을
곱게 간 깨와 버무리다

기본적으로 같은 계절에 수확되거나 같은 과에 속하는 재료들은 서로 궁합이 좋아 음식 맛을 살려준다. 우엉과 당근이 그런 사이다. 비슷한 시기에 함께 땅속에서 자라난 이 둘은 맛이 조화로워서 서로를 잘 이해하고 있다는 생각이 든다. 우엉과 당근을 고소하게 버무린 샐러드는 촉촉한 빵에 끼워 먹어도 별미다.

재료

우엉 1대(약40~50cm), 당근 ½개, 마요네즈(《가을의 일기》두유 편 참고) 3~4Ts, 식초 1Ts, 간장 2Ts, 곱게 빻은 깨 3Ts, 소금, 후추

만드는 법

우엉은 손이나 천연수세미로 문질러 흙을 제거해가며 흐르는 물에 씻는다. 다 씻은 우엉은 감자칼이나 칼등으로 껍질을 제거한 뒤 4~5cm 정도로 채 썬다. 감자칼로 연필을 깎듯이 돌려가며 깎아내도 좋다. 손질한 우엉은 10분 정도 물에 담가 떫은맛을 빼준다. 당근도 우엉과 같은 방법으로 씻은 뒤 우엉의 길이에 맞춰 얇게 채 썬다. 우엉과 당근이 잠길 정도의 물, 간장 1Ts을 냄비에 넣고 중불에서 데친다. 우엉과 당근이 부드러워지면 채에 건져 식힌다. 볼에 마요네즈, 식초, 간장, 빻은 깨를 넣어 잘 섞어 물기를 뺀 당근, 우엉을 넣고 버무린다. 소금, 후추로 간을 맞춘다.

Tip.
1. 건다시마와 건표고버섯을 하루 정도 물에 담가둔 국물로 우엉과 당근을 삶으면 더 깊은 맛을 낼 수 있다.
2. 우엉은 위에서 밑으로 얇아지는 형태인데 이를 상중하로 나누었을 때 섬유의 굵기나 수분량, 풍미가 조금씩 다르므로 구분하여 조리하면 좋다. 윗부분은 섬유와 껍질이 두껍고 향이 진하므로 조림이나 튀김에 어울리고, 중간 부분은 적당한 질감과 향을 가지고 있어 볶음이나 국 요리 등에 넣으면 좋다. 가장 얇은 밑부분은 수분이 많고 섬유가 얇아 샐러드와 무침 요리에 적합하다.

우엉을 튀겨 매콤달콤한
강정으로 만들다

석 달 전쯤부터였을까. 가게에 조심스레 걸어들어온 길 고양이에게 밥을 주기 시작했다. 그저 예쁘고 귀엽던 아이가 언제부터인가 배가 불러오더니 곧 출산을 앞두고 있다. 우엉강정을 준비하려고 주방에 있는데 녀석은 텅 빈 홀에 앉아 멀뚱멀뚱 해맑게도 쳐다본다. 괜스레 마음이 더 무거워진다. 우엉 한 대를 돌려가며 동글동글 썰면 꽤 많은 양이 나온다. 갑자기 꽃잎을 하나씩 떼어내면서 '된다, 안 된다.' 맞춰보던 유치한 놀이가 떠오른다. 우엉강정을 한 알, 한 알, 썰어가며 중얼중얼 빌어본다. 다 잘될 거야, 다 괜찮을 거야.

재료

우엉 1대(약 40~50cm), 간장 2Ts, 꿀 2Ts, 식초 1Ts, 고춧가루 1ts, 식용유 적당량, 전분 적당량

만드는 법

우엉은 손이나 천연수세미로 문질러 흙을 제거해가며 흐르는 물에 씻는다. 다 씻은 우엉은 감자칼이나 칼등으로 껍질을 제거한 뒤 공기알 크기 정도로 빙글빙글 돌려가며 썬다. 너무 크게 썰면 속까지 잘 안 익을 수 있으니 작게 썰자. 볼에 전분 적당량과 소금 한두 꼬집을 넣고 우엉을 담아 골고루 묻혀준다. 프라이팬이나 튀김 전용 팬에 식용유를 자작하게 두르고 160~170도로 달군다. 우엉은 전분을 털어 넣어 서로 붙지 않도록 굴려가며 튀긴다. 튀긴 우엉을 키친타월 위에 올려 기름기를 뺀다. 볼에 간장, 꿀, 식초, 고춧가루를 넣어 잘 섞은 뒤 튀긴 우엉을 넣고 양념을 골고루 묻혀 접시에 담아낸다.

여주

여주는 모양이 괴상한 채소다. 초록색 도깨비 방망이를 연상하게 하는 모양 때문에 처음에는 선뜻 손이 가질 않는다. 하지만 한번 여주의 맛에 빠지면 세상을 보는 눈이 달라진다. 과일과 채소는 탱글탱글하고 매끄 럽게 생긴 아이들을 골라야 한다는 요령은 적어도 여주에는 적용되기 힘 들다. 모양만으로는 선택하기가 알쏭달쏭하기 때문이다. 그럴 때면 차라 리 가장 괴팍하게 생긴 아이를 고를까 싶기도 하다. 그 독특한 생김새에 걸맞게 여주는 특유의 쌉싸래한 맛을 갖는다. 할라페뇨나 겨자와는 또 다른 느낌의 맛이다. 일단 여주의 맛을 즐길 수 있을 정도가 되면 마치 어 른이 된 것만 같은 기분이 된다. 고추처럼 불타게 맵지는 않지만 여주의 쌉쌀한 맛은 어느 순간 문득 생각난다. 마치 심장을 꼬집듯 아팠던 첫사 랑처럼 말이다.

짭쪼름한 햄과
쌉싸래한 여주를 함께 볶다

여주는 일본말로 고야ゴーヤー라고 불리는데 오키나와의 대표 채소로, 고야참플ゴーヤーチャンプルー이라는 전통 요리가 유명하다. 쌉쓸한 여주와 돼지고기나 햄, 오키나와의 두툼한 두부를 볶아내는 요리인데 여주를 처음 접하는 이라면 꼭 이 요리부터 맛보길 추천한다. 오래된 전통 요리에는 질문을 달지 않아도 된다. 왜 여주여야 하는지, 왜 돼지고기가 필요한지, 맛을 보면 설명이 필요 없어진다.

재료

여주 ½개, 삼겹살 100g, 햄 50g, 두부 150g, 달걀 1개, 간장 1Ts, 식용유 1Ts, 소금, 후추, 가쓰오부시 적당량

만드는 법

여주를 반으로 갈라 2~3mm의 두께로 썰어 손질한다. 삼겹살은 1.5~2cm, 햄은 먹기 좋은 크기로 썰어 준비한다. 두부는 키친타월에 감싸 물기를 제거한 뒤 3~3.5cm 정도로 큼직하게 썬다. 프라이팬에 식용유를 두르고 삼겹살과 햄을 넣어 볶는다. 삼겹살이 어느 정도 익으면 여주와 두부를 넣고 표면을 골고루 익히듯 굽는다. 간장과 소금, 후추로 간을 맞춘다. 달걀을 잘 풀어 전체에 두르고 스크램블 하듯 볶다가 바로 불을 끈다. 그릇에 담고 가쓰오부시를 뿌려 마무리한다.

Tip.
여주 손질법 여주는 특유의 쌉쌀한 맛을 완화해주는 과정이 필요하다.
1. 먼저 여주를 세로로 반으로 갈라 숟가락으로 속의 하얀 씨 부분을 긁어낸다. 참외를 손질하는 방법과 흡사하다. 하얀 부분이 쓴맛의 원인은 아니므로 꼭 남김없이 긁어낼 필요는 없다.
2. 속을 발라낸 여주를 얇게 썬다. 여주는 얇게 썰면 썰수록 쓴맛을 빼내기 쉬워진다. 너무 얇으면 식감이 없어지므로 2~3mm가 가장 적당하다.
3. 썰어낸 여주를 볼에 담고 여주 1개당 소금 1ts을 기준으로 뿌려 10분가량 그대로 둔다.
4. 물에 잘 헹구고 물기를 제거한 뒤 바로 조리해도 괜찮지만 조금 더 부드럽게 먹고 싶다면 그 상태로 끓는 물에 10초간 데친 다음 사용해도 좋다.

여주를 잘게 썰어
강된장을 만들다

냉장고에 여러 가지 채소가 애매하게 남았을 때는 강된장이 최고다. 무난한 채소들만 끓여도 맛있지만 냉이나 달래, 여주처럼 특유의 향이 있는 채소를 한 가지 넣으면 훨씬 향기롭다. 보리밥이나 현미밥을 짓고 호박잎, 곰취, 머위잎 등을 넉넉히 쪄두면 모든 준비 끝이다.

재료

여주 ½개, 감자 1개, 당근 ¼개, 양파 ½개, 표고버섯 2개, 대파 ⅓대, 된장 3Ts, 고추장 0.5Ts, 참기름 1Ts, 고춧가루 0.5ts, 다진 마늘 0.5ts, 다시마물 1컵

만드는 법

대파는 잘게 썰고 여주, 감자, 당근, 양파, 표고버섯은 모두 3~4mm 크기의 네모꼴로 썬다. 냄비에 참기름을 두르고 다진 마늘, 대파, 여주, 된장을 넣고 볶는다. 나머지 채소들과 다시마물, 고추장, 고춧가루를 넣고 보글보글 끓인다.

Tip.

다시마 국물 다시마의 먼지를 마른 천으로 닦아내어 물 3컵에 1~2장(5cm)을 넣고 한나절 우리거나 냄비에 넣고 약한 불로 끓인다. 다시마가 부드러워지면 불을 끄고 잠시 두었다가 다시마는 건져낸다.

당근

지난 여름 하노이에 방문했을 때 깜짝 놀랄 만큼 많은 당근을 먹었다. 수 프링 롤부터 수프, 메인 요리, 심지어 소스에 이르기까지 요리 이곳저곳 에 주황 꽃이 만발해 있었다. 게다가 뭉근히 익혀서 오랫동안 끓이는 스 튜나 노릇하게 구워 계피 향이 진한 케이크에 잘 어울린다는 생각은 했 지만 생당근이 이렇게까지 달고 느낀 건 처음이었다. 최근에는 디톡스 주스나 스무디가 유행하는 덕분에 채소 음료를 마실 수 있는 기회도 많 아졌다. 자연의 색을 몸속에 담고 싶은것은 건강의 본능인 듯하다. 건강 에 관심을 가지는 사람들이 많아진다는 것은 인기 없는 채소 당근에게도 이목이 집중된다는 기쁜 소식이다.

당근과 고추를 볶아
매콤고소한 크림소스로 만들다

엘비스 프레슬리의 'Love Me Tender'라는 노래를 반복 재생하며 이 요리를 만들었다. 사랑을 하고 있지 않을 때도 사랑 노래를 들으면 그저 행복하다. 그러고 보면 요리를 잘하고 싶다고 생각한 적은 없다. 요리는 단지 내가 사랑하는 사람이 맛있는 음식을 먹고 행복했으면 좋겠다는 마음에서 할 뿐이다. 누군가를 사랑하고 그를 위해 무엇을 한다는 자체가 살아갈 힘을 준다. 사랑을 찾아 헤매고 사랑으로 이뤄가는 삶은 의존적이어서 불안하지만 또 그만큼 달콤하다.

재료

당근 2개, 감자 ½개, 페페론치노 1~2개, 마늘 2개, 삶은 콩(작두콩, 완두콩 등) 100g, 생크림(두유로 대체 가능) 400ml, 밥 1.5공기, 올리브오일 2Ts, 홀그레인 머스타드 1ts, 소금, 후추, 물

만드는 법

당근과 감자는 잘 씻어 2~3mm 두께로 얇게 썬다. 냄비에 올리브오일을 두르고 마늘과 잘게 다진 고추를 넣어 약한 불에서 향을 낸다. 마늘 색이 변하기 시작하면 당근과 감자를 넣고 지긋이 볶다가 물을 조금씩 넣어가며 익힌다. 노릇하게 익으면 불을 끈다. 볶은 채소를 블렌더에 넣고 덩어리가 없어지도록 곱게 간다. 중간중간 생크림을 조금씩 넣어 부드럽게 만든다. 같은 냄비에 간 채소를 넣고 남은 생크림을 모두 붓는다. 머스타드를 넣고 소금, 후추로 간을 한다. 불을 올려 눅진하게 끓인다. 농도를 조절하고 싶을 때는 채수나 우유를 조금 넣어준다. 밥과 삶은 콩을 넣어 잘 섞어가며 조금 더 끓인다. 파스타로 할 경우엔 삶은 파스타 면을 넣는다. 느타리버섯이나 양송이버섯을 볶아 넣어도 좋다. 그릇에 담아 기호에 따라 치즈와 후추를 갈아 올리고 올리브오일을 두른다.

아삭한 당근에 향긋한 고수와 요거트를
발라 토르티야로 감싸다

엄마는 일 년에 한두 번쯤 빼먹지 않고 "있잖아, 우리는 죽으면 어디로 가?"라고 묻는다. 죽었다 눈을 뜨면 모든 게 꿈이었다며 다시 새로운 삶을 시작하게 되는 걸까? 이미 이건 우리에게 몇 억만 번째의 삶일지도 모르겠다. 혹시라도 그렇다면 조금 더 느긋하게 살아야하는데 말이다. 낮잠도 한 시간씩 더 자고, 샤워도 이십 분은 더 들여서 하고, 한 끼 식사도 천천히 공들여서 만들고. 그렇지 않다 한들 그래야 할 필요가 있는지도 모르고.

재료

토르티야 2장, 당근 1개, 적양배추 ¼개, 쿠스쿠스 100g, 페타 치즈 100g, 고수 20g, 요거트 50g, 큐민 0.5ts, 레몬 ½개, 소금 2ts

만드는 법

당근과 적양배추는 잘 씻어 얇게 채 썬다. 소금을 넣고 버무려 반나절가량 절인다. 쿠스쿠스는 물에 버터, 소금을 약간 넣고 삶는다. 고수 10g을 잘게 다지고, 힘껏 짠 레몬즙과 큐민을 요거트에 넣고 잘 섞는다. 토르티야 위에 당근, 적양배추, 페타 치즈, 요거트 소스를 올려 김밥을 말듯 둥글게 말아준다. 프라이팬 위에 올려 위아래를 노릇하게 굽는다. 기호에 따라 으깬 아보카도나 바나나를 함께 넣어도 좋다.

당근을 볶고 반죽하여
쿠키를 굽다

재료

당근 50g, 고수, 깻잎, 방아잎 등의 향이 강한 잎채소 몇 장, 올리브오일 3Ts, 두유 3Ts, 밀가루 120g, 베이킹파우더 0.5ts, 비정제 설탕 30g, 소금 한 꼬집

만드는 법

당근은 잘 씻어 곱게 채 썰고 잎채소도 다진다. 달군 프라이팬에 올리브오일을 약간 두르고 당근을 볶는다. 볼에 밀가루, 베이킹파우더, 비정제 설탕, 소금을 넣고 올리브오일과 두유로 반죽한다. 볶은 당근과 잎채소를 넣어 반죽을 뭉친다. 밀대를 사용하여 반죽을 얇게 민다. 170도로 예열한 오븐에서 약 25분간 굽는다.

귤

누군가의 귤 먹는 모습을 지켜보며 그 사람의 내면을 상상해본다. 껍질을 돌돌 돌려 까서 코끼리를 만드는 사람, 과육을 하나하나 정성스레 떼어놓는 사람, 흰 껍질을 뜯어내고 속살만 발라 먹는 사람. 각기 다른 행동을 관찰하는 일은 매우 흥미롭다. 혼자 있으면 귤은 하나만 먹어도 더 이상 손이 안 가는 편인데, 여럿이 모여 이야기하며 먹다 보면 어느새 눈앞에 귤 껍질이 수북해 놀라기도 한다. 작년 겨울에는 바짝 건조시킨 귤 칩에 폭 빠져 있었지만 올해는 왠지 보글보글 끓이는 귤 잼을 만들고 싶다. 큰 솥에 한가득 끓여서 사람들에게 나눠주는 것도 좋겠다. 사람을 생각나게 하는 과일이다.

굴 향기에 젖은
프렌치토스트를 굽다

나는 만성비염으로 향에 둔감한 코를 가졌다. 그런 나의 코도 반응하는 사랑스러운 향들이 있다. 계피롤을 굽는 향, 짓눌린 풀의 향, 그리고 손끝에 깊게 배인 오렌지나 귤의 새콤 찐득한 향. 누렇게 변해버리는 손끝이 좋아 종종 오렌지나 귤을 오랜 시간 만지작대곤 한다. 조물조물 만지고 있다가 '아, 먹고 싶다!'란 생각이 들면 엄지손가락을 푹 찔러 껍질을 까기 시작한다. 예전 파이가게에서 감귤파이를 만들어 팔 때에는 대량의 귤 즙을 내는 일과가 너무 좋아 귤 철이 지나고도 한동안 메뉴를 내리지 않았다. 실제로 귤에는 스트레스를 해소하는 향이 들어있다고 한다. 귤은 껍질을 말려두면 귤피차로 끓여 철이 지난 뒤에도 오래도록 향을 즐길 수 있으니 꼭 유기농을 선택해 버림 없이 만끽하자.

재료

호밀빵(식빵) 적당량, 달걀 3개, 귤 1~2개, 버터 1Ts, 소금

만드는 법

빵을 2~2.5cm 정도로 썬다. 귤은 반으로 잘라 즙을 낸다. 볼에 달걀을 잘 풀어 귤 즙을 넣고 소금 한 꼬집을 넣는다. 썰어놓은 빵을 달걀물에 넣는다. 빵에 흠뻑 달걀물이 배도록 담가둔다. 프라이팬에 버터를 두르고 빵의 양쪽 면을 노릇하게 굽는다. 기호에 따라 바닐라 아이스크림이나 시나몬 파우더를 곁들인다.

차가워진 손을
따뜻하게 데워줄
귤 한 컵을 끓이다

또렷이 기억하고 싶은데 날이 지날수록 윤곽이 점점 흐릿해지는 장면들이 있다. 삶의 여러 기억 중에서 몇 가지만 골라 언제든 자유롭게 드나들 수 있다면 얼마나 좋을까. 조금 더 부지런히 기록을 해뒀다면 도움이 됐을까. 내일이면 잠시 동안 먼 나라로 여행을 떠난다. 스마트폰 용량을 비우는 대신 오랜만에 필름카메라를 꺼내고 좋아하는 펜을 챙겨본다. 시간과 마음의 여유가 흐릿한 삶은 후회를 불러올 것만 같아 두렵다. 지난주 외할머니 댁에 들렀는데 그날도 어김없이 집으로 돌아가는 나의 두 손에 한 움큼 귤을 쥐어주셨다. 이번 여행에서는 외할머니께서 좋아하시는 오리 인형이 있나 구석구석 뒤져보려 한다. 후회 없는 삶을 사는 법은 생각보다 단순할지도 모르겠다.

재료

레드와인 750ml, 귤 2~3개, 계피, 팔각, 정향, 카다몸 등의 향신료 적당량, 꿀 1~2Ts

만드는 법

귤은 유기농이라면 껍질째 넣고, 아니라면 껍질을 까서 넣는다. 껍질째 사용할 시에는 식초 물에 담가두거나 베이킹파우더로 문지른 뒤 잘 씻어 준비한다. 계피와 팔각 또는 정향은 가볍게 부숴 향이 나도록 한다. 냄비에 모든 재료를 넣고 30~40분가량 약한 불에서 뭉근하게 끓인다. 달게 마시고 싶다면 꿀의 양을 조절한다. 잘 식혀서 냉장고에 넣으면 일주일가량 보관이 가능하다. 귤 이외에 사과, 감 등의 남은 과일이나 레몬청, 유자청 등을 함께 넣고 끓여도 좋다.

두유

여럿이 함께 간 카페에서 혼자만 두유라떼를 주문하는 이는 유난스러워 보일지 모른다. 하지만 누군가에게는 단순한 기호 식품에 불과한 두유가 누군가에게는 치료 식품이 되기도 한다. 실제로 두유는 유당불내증을 가진 아이들에게 영양을 보충시킬 목적으로 개발되었다. 채식주의자들에게도 두유는 빼놓을 수 없는 영양식품이다. 시판되는 두유도 맛과 구성 성분이 천차만별이라 비교해보는 재미가 있다. 국산 콩인지, 첨가물이 들지는 않았는지, 설탕이 들지는 않았는지, 내 몸 안으로 넣을 것을 고를 수 있는 자유를 놓치지 말자.

두유에 푹 익은 아보카도를
으깨어 녹이다

우유가 세련된 고소함이라면 두유는 친절한 구수함이다. 여러 가지 향신료로 우려내는 차이라테는 구수한 두유로 끓여야 자연스러운 맛이 나온다. 팬케이크를 만들 때도 밀가루가 아닌 현미가루나 메밀가루로 구워보고 싶다면 동물성 우유 대신 식물성 두유로 반죽한다. 두유의 뒤를 이어 최근에는 아몬드우유, 귀리우유 등도 어렵지 않게 찾아볼 수 있다. 모르고 있었다면 보지 못하고 무심코 지나쳤을 것들에서 뜻밖의 인연이 시작되기도 한다. 심심하지 않을 날들을 위해 끝없는 호기심과 유연한 마음가짐을 기억하며 살고 싶다.

재료

(파스타 2인분) 두유 200~250ml, 아보카도(푹 익은 것) 1½개, 칵테일 새우 적당량, 렌틸콩 적당량, 마늘 3~4개, 달걀 2개, 카레가루 1ts, 그라나 파다노 치즈 적당량, 파스타 면 150g, 올리브오일 2Ts, 소금, 후추, 물

만드는 법

아보카도의 과육을 발라 볼에 넣고 포크로 잘 으깬다. 렌틸콩은 끓는 물에 넣어 미리 삶아 준비하고, 마늘은 얇게 썬다. 파스타 면을 삶기 시작한다. 다른 쪽에서는 프라이팬에 올리브오일을 두르고 마늘과 카레가루를 넣어 약한 불에서 향을 낸다. 칵테일 새우를 넣어 앞뒤로 노릇하게 굽는다. 새우가 익으면 두유와 아보카도, 렌틸콩을 넣고 중불에서 1~2분간 저어가며 끓인다. 소금으로 간을 맞춘다. 적절히 익은 파스타 면을 건져내어 소스에 넣고 잘 버무린다. 접시에 담아 달걀 노른자를 올리고 그라나 파다노 치즈, 후추를 갈아서 뿌린다.

두유와 올리브오일을 갈아
마요네즈로 만들다

무엇으로 만들어졌는지 알 수 없는 것을 먹기가 무서워 번거로워도 모든 소스를 직접 만들어본다. 진작에 썩었을 재료들이 가공의 마법으로 포장되어 자꾸만 혀를 마비시킨다. 식사에 신경을 쓰기 시작한 뒤로 분명 예전에 비해 몸은 좋아졌는데 먹을 수 있는 바깥 음식의 폭은 점점 좁아진다. 놀라운 맛이 가득한 거리다. 원래 이렇게 짜고, 달고, 매웠던가? 맛있는 음식을 찾아 떠나기 전에 맛있다고 느끼는 나의 미각 상태에 먼저 의문을 던져야 할지도 모르겠다.

재료

두유 100ml, 올리브오일 200ml, 마늘 3개, 식초 15ml, 미소 또는 홀그레인 머스터드 1ts, 소금, 후추

만드는 법

작은 냄비에 마늘과 마늘이 잠길 정도의 물을 붓고 2~3분가량 끓여 매운맛을 제거한다. 두유, 올리브오일, 데친 마늘, 식초, 미소 또는 홀그레인 머스터드를 볼에 넣고 블렌더로 곱게 간다. 소금, 후추로 간을 한다. 재료들의 농도에 따라 걸쭉함이 달라지므로 두유, 오일, 식초를 더하며 원하는 정도로 맞춘다.

재료의 산책

가을의 일기

1판 1쇄 발행 2018년 10월 29일
1판 6쇄 발행 2024년 6월 20일

지은이 요나
펴낸이 송원준
편집인 김이경
책임편집 김건태
디자인 최인애
사진 안선근 요나

펴낸곳 ㈜어라운드
출판등록 제 2014-000186호
주소 03980 서울시 마포구 동교로51길 27 AROUND
문의 070 8650 6375
팩스 02 6280 5031
전자우편 around@a-round.kr
ISBN 979-11-88311-33-0